以内心的安宁抵御世界的纷扰

Die weltliche Weisheit von Nietzsche

II

尼采的生存智慧

[德] 尼采 著

[日] 白取春彦 编著

贾耀平 译

北京联合出版公司
Beijing United Publishing Co.,Ltd.

前　言

　　我的上一本书《超译尼采箴言Ⅰ》[①]，讲的是"自尊""生之欢悦的获得"和"自我超越"。这一本书主旨是"生之创造""接受苦难"和"向上的意志"。

　　"生之创造"指每天都是亲手创造的崭新的一天。现代社会，也许有很多人觉得即使不去创造，每一天也会自然而然地流逝；每天走同一条路，去同一个地方，做同样的事，从事同样的工作，很多人会认为这种日复

――――――――――――――

[①]　即白取春彦编著《超訳ニーチェの言葉Ⅰ》，北京联合出版公司出版，书名为《在绝境中活下来：尼采超级生存哲学》。

一日、循环反复的生活就是人生吧。他们觉得令人满意的人生应该是：对待事物不抱有任何疑问，尽可能地避开危险，不用承担做决策的责任，随波逐流，过着与普通人一样满足于安定生活的人生。

然而，现实生活中真的有这种拥有万全保障、让人心满意足的人生吗？即便有，那也是引起错觉的短短几个小时罢了。

我们心知肚明的是，现实的人生根本没有什么安稳可言。

人生如流水，一直摇摆不定，颠簸动荡，波涛汹涌，起伏不定。连我们的心情也因腹中是饥是饱而有很大的不同，更何况是生活和人生。

尼采认为人的生之不安定就是活着的本质，用一个积极的词去描述，就是"werden"。

这个普通的德语单词用于表示人或事物的转变、成长，或是态度的改变。在有关尼采的作品中，它被翻译为"生成"。

我们活着的每一天正是"生成"的每一天。是趋向更有力量，还是衰败颓废？是有创新和产出，还是怠惰退步？是收获还是丧失？是爱还是抛弃？是哺育还是杀戮？每一天都不能停滞，也不能漫不经心地维持。每一天都是发展变化的，这才是我们的日常、我们的现实。

那么，我们唯有朝着自己的目标，果敢决断，去能动地创造自己的每一天，自己的生之种种。换句话说，就是一刻不停地去塑造自己。因为这才是活着的本质，就像细胞沉默着不停地创造着生与死。

"接受苦难"如字面意思一样，要接受人生的种种苦难。活着的痛苦并不是灾害或惩罚。苦难伴随着活在这个世界上的一切生命。我们要接受这个必然。

当我们接受苦难，想方设法跨越苦难时，我们自身也在悄然变化着，从"以往的自己"中蜕变，眼前的风景焕然一新。我们改变了看事物的视角，对事物的感受也发生了变化。我们由内向外发生了蜕变。因为我们经历了一个"生成"的过程。

在创造的过程中，在实现目标的途中，我们必然会遇到困难与障碍。除非自己能真正地克服困难和障碍，否则不会有任何产出或成果，就像从未有哪个人在成为天才的路途中不曾经历过苦难。

苦难促人成长。对于渴望成为生活强者的人来说，苦难是"生成"的每一天所必需的恩惠。

"向上的意志"是指尝试着走到个人能力极限的意志。向上，不是为了对人炫耀，而是追求唯有你一人的孤独的高洁与超凡的积极性。

倘若把世俗的贪欲比作吞噬大地的泥土，那么"向上的意志"就是要成为高远的寒星。

诚然，向上，是"生成"路上的个人选择。假如我们漫无目的地游走，只会卷入世间的浊流，被命运捉弄。单纯追求安逸享乐，最后只会萎靡颓废，这是身为一个人的衰退。我们不是朝前走就是停滞不前，留在所谓含含糊糊的缓冲地带是不可能的。我先前说过，人生的现状永远处在流动和"生成"中。根本没有所谓的缓冲地带。如果没有自我主张，只会落得随世间浊流起伏。

另外，要到达峰顶，意味着需要承受攀登悬崖峭壁的辛苦。这些苦涩与痛楚不仅能促使自身成长，也给我们带来了更多的喜悦。

这种喜悦感除了对自己人生的肯定外，还有对世界的方方面面的肯定，尼采称之为"神圣的肯定"。

尼采并非始终都在论述尖锐激越的思想，我们也能从他笔下窥见其细腻的感受。

在这里，我想引用已出版的尼采译著《生成之清白》②中的几处文字。

"村中的高塔上响起正午的钟声，同时唤醒了我们的虔敬之心与饥饿。"

"就像休息日的阳光洒满了小镇的小路，只靠睡梦我就能心满意足。"

"冬日的荒凉恰好开始恢复生机，白雪融化时，深

_____

② 《生成之清白》是尼采遗稿的片段集。日译版由原佑、吉泽传三郎翻译，名为《生成の無垢》。"生成の無垢"德语原文为"Die Unschuld des Werdens"，汉语文献将之译为"神圣的成长""生成的无罪""生成的无辜""生成之清白"等。

谷里那苍白的容颜。"

"十月的每一天都是阳光普照,我们温暖的水土获得了清净之福和充实。"

"漫步在森林的小溪边,脑海中的旋律变成各种强颤音回荡在耳边。"

尼采常常从租住的小屋出来,走到不远处的酒店餐厅吃午饭,然后一直散步到傍晚。那段时期映入心间的风景就变成这些文字保留在文章中了。

根据当时的人留下的书信或记录可以看出,尼采是一位性情温和的人。他说话从容镇定,彬彬有礼。他留给人的是这样的印象,但他似乎也有一颗清高的心。他总是一脸决绝,拥抱着火热,凝视着远方的层层山峦。

目 录

第二章　爱之篇

第三章　己之篇

第四章　言之篇

第五章　人之篇

第九章　心之篇

第一章

生之篇

1 别停留，向前走，去生活

你为何一直伫立于此？你在等待什么？谁会自远方来临？

你要一直茫然等待着不知何时来临的幸福吗？还是等待神明和天使在某一天现身赐福？你是否认定只要等下去就有奇迹出现，就有人把你从苦难中拯救出来？

如果那样的话，你只能在无尽的等待中结束你的人生了吧。你难道不强烈渴望从头再来一次，完成今生的应尽之事吗？

你难道不应该珍惜每时每刻，尽全力去充实，去活出最好的自己吗？

——《生成之清白·走近查拉图斯特拉》

2 此刻可以永远持续

愿我此刻生活的现实，以及下一刻我的生活方式，成为一种我不介意它会永远持续下去的生活方式。

——《生成之清白·走近查拉图斯特拉》

3 工作使人强大

真正强大的人是那些投身工作、精益求精的人。

无论什么状况，他们都不会退缩胆怯，不会慌张失措，不会信心动摇，不会狼狈不堪，不会惴惴不安，不会忧虑沮丧。

因为工作能锤炼心灵，打磨人格，让他们成为远超凡人的强者。

——《愉悦的智慧》①

---

① 《愉悦的智慧》，尼采作品。"愉悦的智慧"德语为"Dei fröhliche Wissenschaft"，汉语文献多译为"快乐的科学""快乐的知识""愉悦的智慧"等。

4　只在闲时思考人生

　　思考人生是应该的，但那是闲暇时才会做的事。

　　全身心地投入工作才是正事。尽全力做好自己的应做之事，埋首研究人生的问题对策，才能把握现实人生的真正钥匙。

　　　　　　　　——《生成之清白·关于尼采自己》

5 好好接受每个现实

人只要活着就会有很多不可避免的、不得已的事情发生。

社交、照料他人、处理麻烦事、辛苦劳作、尽力而为、留恋不舍、固执己见、分手离别、变故、丧失等。

当然，你可以抽身远离，当什么事情都没发生过。但最好是尽可能地接受并坦诚真挚地对待命运的安排。

你会发现原本以为沉重艰巨的事竟比我们预想的轻松简单。如此，种种经历构筑了我们自己的世界。

——《生成之清白·关于尼采自己》

6　生存的力量

生存的力量。

不仅是活下去的力量，更是始终朝气蓬勃、昂扬向上的力量，是秉持开创性不断前行的绵绵不绝的能量。

这其中，爱、创造力和悟性浑然一体地发挥着作用。

——《生成之清白·走近查拉图斯特拉》

7 不耽溺于过往

　　偶然有机会怀念一下美好过往无可厚非，但是切不可过度沉溺。

　　因为，如果一个人的心总是沉溺在回忆中，被爱的执念所束缚，他将再也无法感受未来人生路上遇见的各种新的价值和新的意义。

　　　　　　　　——《生成之清白·走近查拉图斯特拉》

8 大自然的教诲

　　大自然并不是漫不经心的存在。大自然是伟大的导师。大自然生动地教导着我们。

　　我们毫不懈怠，克服困苦，翻越障碍，是为了遇见新生的自己。因此，困苦和障碍也是我们必须经历的。

——《生成之清白·走近查拉图斯特拉》

9 大自然的成就

不妨看看大自然。大自然无欲无求。

即便如此，大自然依然能收获成功。

——《生成之清白·道德哲学》

10 不断挑战的人生

年轻人啊，不要去追求被勉勉强强的胜利束缚的人生，不要去追求稳定有保障的身份。年轻人，你要不断地、不断地、不断地去挑战。

让你的人生经受千锤百炼，即使失败常在，即使成功少有，也请你不要气馁，请不断尝试。

屡败屡战、迎难而上的人生才是你真正活着的证明。

因此，把你的一切都拿出来，迎接不断挑战的每一天吧。

同时，你毫不退缩、不懈挑战的人生也会给他人带来巨大的勇气。

——《生成之清白·道德哲学》

11 拒绝贫乏的生活方式

我以为你是个强大勇敢的人。

可是，实际上呢？你常因为一些小事生气、烦恼。更有甚者，为了尽可能安全地生活，你开始深信节俭安稳是一种美德。

这样的生活方式是不是太过贫乏了？

——《生成之清白·道德哲学》

12 从苦难中汲取生存的力量

我们总是尽可能地避开苦难和烦恼，试图让自己尽量远离这些痛苦。这么做，其结果只是削弱自己的生命力。

只有忍过难忍之苦，我们才能提升自己的能力。经历过苦难和烦恼，我们通往人生巅峰的道路才会畅通无阻。就像攀着悬崖峭壁向山顶进发的人那样。

——《生成之清白·道德哲学》

13 故步自封则招致毁灭

　　某个民族，如果始终固执地坚守祖祖辈辈传下来的道德标准、宗教礼制、传统风俗和生活习惯，他们便会对其他民族知之甚少，变得弱小且故步自封，最后落得孤立无援，日渐式微，走向灭亡。

　　民族如此，个人亦如是。一个人如果墨守成规、裹足不前，在每个人生阶段达不到应有的高度，他就无法拥有充实美好的人生。

——《生成之清白·文化》

14 美好事物催生活力

所有美好的事物都能引导我们的生活，激发出生存的欲望。

即便是描绘死亡的书，即便是讲述违逆人生的书，只要其中包含好的部分，就会成为我们生命的营养液和催化剂。

——《人性的，太人性的·各种意见与箴言》

15 人生没有形式

我们常觉得人生虽然笼统，也是有其轮廓形状的。但人生既不能被描绘成一幅画，也不能被写成一首诗。

艺术家创作的"人生"都是以自己的人生为素材或底本创作的，他们无法超越个性，将具有共性和普遍性的人生用某种形式永恒封存并保留下来。

"人生"与"活着"之所以不能单纯以某种形状、声音、概念表现出来，是因为"活着"是不间断地流动和变化发展的"生成"。

这种动态"生成"就是我们活着的体现，是我们的现实。

——《人性的，太人性的·各种意见与箴言》

16 人生是体验生命的旅途

请你去体验人生吧！大胆地体验人生之旅吧！切勿走马观花、浮光掠影，用心去体会，用肌肤去感受。

仅仅体验还不够，要把你的感觉记在心上，切身感受，为己所用。

不，这样还不够。还要将你所掌握的一切充分发挥出来，一点一滴都别保留。

因为，人生就是一场你自己走过的旅途。

——《人性的，太人性的·各种意见与箴言》

17　致获赞的年轻人

受人称赞的确是件美事。但千万不要忘记，这些赞美只代表你在他人设置好的擂台上表现出色。接下来，你要创建独属于你的更高更大的擂台，并在那里大展身手。

——《人性的，太人性的·各种意见与箴言》

18 努力地、努力地成长吧

请朝着更高的山峰、更远的远方努力前行。取得成绩也不沾沾自喜、止步不前，依旧不厌其烦地朝着更高更远的目标努力地成长吧。

一个人，一个鲜活的人，一个不断成长的人，应该拓展知识广度，丰富生活的阅历，蓄积爱与感情，坦然地接受苦痛，在跌跌撞撞中不断蜕变。

然后，你就能看到更好的事物，你会意识到以前自己不喜欢的事物竟然那么美好。

在达到那样的层次之前，首先让自己成长吧。

——《人性的，太人性的·各种意见与箴言》

19　年轻人，不要急于求成

我理解你的心情，你的痛苦，但是不要着急。

你急切地要变成呼风唤雨的大人物、满腹经纶的大学者、探究美的艺术家，但是，即使你很快就能实现目标，我也劝你不要急于求成。

无论你唾手可得的东西看起来有多么壮丽和伟大，看起来有多符合你心中所想，一旦你轻易地伸手抓住了它，你也会很容易失去它。你首先要做的，是活出你自己，如若不活出独属于你的自己，你得到的一切都是不真实的。

要让心智得到成长，就会经历苦难、贫穷、烦恼、失意、困境。我明白你厌恶这其中的折磨和痛苦，然而，你真正渴望的硕果正在痛苦的尽头闪耀着甘美的光泽。

——《人性的，太人性的·漫游者和他的影子》

20 衰败的魅惑

　　远处暮霭沉沉，霞光渐暗。四周氛围祥和，犹如黄昏时刻的宁静，柔和的夕照风景最能抚慰人心。

　　这浸染着魅惑的霞光暮色，仿佛睿智的老人，又仿若完成了此生之行的旅人。然而，凋零的暮色，似天鹅绒般柔美的恬静感，也许是一种精神上日益式微、走向衰败的明显迹象。

——《曙光》

21 像蝴蝶般无忧无虑

欣赏一下蝴蝶吧。

她从不担心自己的生命仅有一天。她脆弱美丽的薄翅从没因为即将到来的冰冷黑夜停止过舞动。她在花丛中欢愉地飞舞。

——《曙光》

22　独自穿越沙漠

请不要停止脚步。

终于走到这里了，请不要安心地回顾来路，请步履不停地向前进！

不要因为身后没有人，不要因为看不到同伴和朋友，不要因为只有你自己一个人，就感到害怕。能来到这里的只有你自己。但是这里不是终点，你依旧在路上，继续朝前走，踏着人迹罕至的陌生道路朝前走吧。

因为前方的沙漠还很广阔。

——《曙光》

23　因为痛苦，所以才叫青春

无论什么时代，"青春"都有一种莫名的刺痛感。

因为，正值青春年华的人，身强体壮，精力过剩，却初出茅庐，工作和人生的蓝图刚刚展开。他们没有成年人的事业稳定，常常四处碰壁，内心充满自卑，觉得前路迷茫。

他们几乎感受不到大人给予他们的深切理解和爱护。

——《人性的，太人性的》

24 死刑的重量

无论什么形式的死刑，都比杀人本身带给我们的影响更沉重。毕竟死刑这种形式是为我们所设置的准备周密的胁迫手段之一。

死刑强制一个活生生的人面对死亡，即使死刑的执行没有不完备之处，这个人的"罪"本身也不会随着行刑而消失。

——《人性的，太人性的》

25　求而不得时

努力了也得不到想要的结果时，切勿放弃，继续紧追不舍，直到如愿以偿。

如果一而再、再而三地追求，依然求而不得，那就请放手，重新去寻找，去发现新的目标。

总有一天你会得到远胜于你所追求的东西。

——《愉悦的智慧·玩笑、欺骗与复仇》

26 用脚踏出自己的路

不要走别人已经设定的道路。

不要迎合某个前辈的流派，不要按照某个先导前辈的指点去调整自己。

只走自己的路。只在茫茫荒野中开辟自己的路。

然后，自己引导自己。坦荡地朝前走。

——《愉悦的智慧·玩笑、欺骗与复仇》

27 以己之力，取我所欲

切勿带着一副贪恋的嘴脸合掌乞求，切勿自以为他人会怜悯施舍，切勿甘愿乞讨，切勿觉得他人有义务施舍。

你什么都没有做，他人凭什么给予。就算有幸得手，也不会永远属于你自己。

不如去争取，用自己的力量获取果实。

——《愉悦的智慧·玩笑、欺骗与复仇》

28 停滞不前就沦为垫脚石

害怕朋友孤单，总是和朋友原地踏步，重复着各种你已经习以为常的事情。

这时候，早已有人踏过你们的头顶，迈着毫不留情的脚步朝着更高更远的前方走去。你和你的朋友只沦为了赶路人的垫脚石罢了。

你难道甘心人生沦为他人脚下的踏板？难道你的梦想就是甘愿当垫脚石吗？

——《愉悦的智慧·玩笑、欺骗与复仇》

29 变毒药为肥料

人活着就必然会遭遇各种困难、障碍。

嫌憎、妨碍、嫉妒、诬蔑、挑衅、暴力、色诱、猜疑、贪婪、冷遇。有些人一遇到这些东西就丧失自我，举手投降了。

但也有些人会将这些东西转化成自我成长的肥料。对于他们来说，人生的各种苦难、障碍、失调、不公正并不是毒药，而是一种肥料、一种营养液，激发自己变得更强壮，更美好。

——《愉悦的智慧》

30 死期未知

人们会给奄奄一息的孩子他们喜欢的东西，即使有些有害健康，有些是平时的忌口。因为孩子可能下一刻就离世了。

仔细想想也许我们也同样如此。人生如朝露，浮生若寄。我们自己不也是不知道死亡何时来临吗？

——《生成之清白·比喻与形象》

31　我的道德观

热爱命运是我的道德观。

决不逃避任何已成定局的事实。坦然接受命运的必然的安排。甚至热爱"必然"本身。

任何事情都不足以让我畏怯，甚至我会主动迎上去。

我想活得完美无缺。我最后的爱也会献给必然的命运。

——《生成之清白·关于尼采自己》

32　人生痛并快乐

　　痛苦和愉悦混合交织的地方，就是人活着的地方，是人们能辛劳生活的地方。

　　人只有痛苦，是活不下去的。

　　同样，人若只有快乐，就会不知道什么是快乐。

　　　　　　　　　　——《生成之清白·哲学家》

33　浮生若寄

人生虚浮。所谓活着就是漂泊。

人不仅在原野上流浪，还要翻越崇山峻岭，穿越幽暗黑夜，蹚过沼泽水沟，奔走在苍穹寒星之下。

因为经历过种种，我们才有丰富的人生体验。

但最终，我们体验的只是"做自己"。体验自我，就是人生。

——《查拉图斯特拉如是说·漫游者》

34 格局不要太小

想做一个大写的人吗？

那就唾弃这充斥世间的小聪明吧。勤勉啦，聪慧啦，理性啦，安稳生活啦，效率啦，舒适啦，长寿啦，大多数人所求的最大幸福啦，平等啦，自我的满足啦……唾弃这些只想活得微不足道的人的欲望吧。

若人生格局太小，悲喜也会变得琐碎。如果厌恶这种小市民的生活，那就将那些无聊的小聪明、卑微狡猾的德行踩碎在脚底吧。

作为回报，你会体验到更大的磨难和成就。

——《查拉图斯特拉如是说·崇高的人们》

35 不要给身体的欲望贴上价签

满足身体自然属性的欲望是作为动物的人所必需的。

但是，我们却为这种理所应当的欲望涂上了包括宗教、道德、成人的价值观、社会的价值体系在内的各种色彩。随之也出现了善恶是非的标准。当我们触及这些规范时，满足自然欲望就变成了极为劳心费神的事。

因此，原本轻松简单的小事也变成困难重重的难题了。

——《生成之清白·道德哲学》

36 锤炼才能

原石不经打磨就不会成为闪耀的宝石。同样，即使我们拥有才华，如果不能在作品或行动中充分表现出来，才华也毫无意义。

为了锤炼才能，我们需要可持续的力量、乐于坚持到底的信念、精神上的坚韧不拔、肉体上的精力充沛。

——《人性的，太人性的》

37 痛苦是人生的礼物

坎坷人生路，有痛苦也有悲剧。

但希望你不因痛苦而责怪自己运气差。希望你带着敬意看待带来苦痛的人生。

没有什么大将军会派出一个师的精兵强将去对付风一吹就倒的落单敌人。

痛苦是人生的礼物。痛苦将我们的精神、心灵、生命力打磨得越发坚韧。

——《偶像的黄昏·一个不合时宜者的漫游》

38 打破惯性思维

聚餐宴会有礼仪规矩，但思维方法和感受方式却没有定规。因此针对某事物，完全不需要什么特定的情感模式或思维框架，更没有必要去人云亦云，迎合大众。

世人有这么多奇怪的公式，规定人们什么时候该想什么，什么时候该做什么。这些人，这样做，不过像在遵循物品借还条例而已。他们从未有过属于自己的看法。这种标准均一的思维方式或思想以及处事态度，让他们泯然于众人，活不出自我。

只有彻底摆脱充斥社会的模板型思维模式和处事态度，才能过上真正的自由人生。

——《人性的，太人性的》

39　勇攀高峰

如何才能到达山顶？

唯有攀登。

而且是只管努力向前，不管峰顶如何，也不管已经路过多少山脊或山坡。一步一个脚印，一直往上爬。

对于想往上走的人来说，这个道理也可以用在其他场合。

——诗《向上》

40 鱼的借口

那些鱼都有同样的口头禅："大海没有底，根本无法知道海有多深。"

这些小杂鱼是因为从未到过海底，才会这么说。

我们是否出于同样的原因，说过类似的话？

——诗《舞蹈歌》

41 给创新者的启示

如果你想创新，就请仔细地观察孩童，他们会教给你创新的秘诀。

孩童没有预期或期待，从来没想过自己要从创造中获得什么。

对于他们来说，每次的动手制作都是新的开始。没有逞强自大，没有劳心费神，他们把创造当成做游戏。

他们不会央求他人代做，总是自己动手。只想自己操作所有的东西。这里没有什么成功失败，只有游戏本身带来的快乐感。

他们也会将任何东西当作材料。没有哪一种材料不为他们所肯定。他们当然也会非常肯定自己动手创造的东西。这肯定是真挚的，神圣的。

——《查拉图斯特拉如是说·关于三段变化》

42 人生的意义掌控在自己手上

那些寻找世界意义的人，那些探究人生意义的人，那些追求自我意义的人，在广袤无际的沙漠中，两手空空，日暮穷途。

"意义"并不会被搁置在某处，也不会被隐藏在某处。因为最开始是没有什么"意义"的。但是，即使如此，并不代表世界和人生就是空虚贫乏。

所谓掌控人生的意义，就是：是什么，该怎样，这些都是由自己决定的。

一个朝气蓬勃的人，他的人生一定生机盎然，充满光芒，有意义，有价值。一个暮气沉沉的人，即使世界艳阳高照，他的人生依然阴云密布，毫无生气。

——《权力意志》

43　勇敢一些

你是在问我"究竟有什么好消息"？

如果是真心的，那我告诉你，好消息就是你很勇敢。

唯有勇敢才能给我们带来各种意义和价值。唯有勇敢者才不惧开拓新的人生、新的世界，唯有勇敢者才能忍耐痛苦，克服困难，召唤胜利曙光。

唯有勇敢。

年轻人，勇敢一些，勇敢到足以让人畏惧吧。

——《查拉图斯特拉如是说·关于战争与战士》

44 把握自己的人生

"唉，那是没有办法的事。"面对发生的事情，你这样说过吗？

这样就说明你投降了，你在为自己的无能为力找借口。照此下去，接下来的事物都会从你的手边溜走，然后，你会变成只能眺望流水的江边石头。

还有另一种人生态度。那就是，换一种说法，换一种理解方式，将发生的事转换成自己想做的事。仅仅如此，你人生的每个瞬间就都与你产生了关联，同时也产生了意义，你的人生才真正把握在自己手里。

这是你以前所不知道的救赎。

——《查拉图斯特拉如是说·论拯救》

45 行为决定命运

创造命运的绝不是妖魔鬼怪。

行动还是停摆？坚持到最后还是中途放弃？坚守还是背叛？接受还是逃避？抛弃还是收留？每一种行为都会决定后果，而这个后果接下来又赋予命运复杂的轮廓。

因此，你要承认接下来发生的任何事情都是命运合适的安排。而面对这种安排，你的一举一动、一言一行又会决定接下来的命运。

——《哲学家的书·意志的自由与命运》①

---

① 《哲学家的书》，指日文版尼采全集卷3《哲学者の書》，渡边二郎译，收录的是尼采关于"质疑哲学、教养的现状"的文章以及与《悲剧的诞生》同时期的退稿。

46 你选择怎样的生活态度

假设你的不远处有事情发生。

你是离远点儿旁观，还是会走过去参与其中？

抑或扭头静悄悄地离开？

以前你是怎么做的？今后你会怎么做？

重要的是，当下的你，会怎么做呢？

——《偶像的黄昏·箴言与箭》

47　相信自己的工作是最好的

要想专注于一个工作、一种职业，日益精进，就必须相信并切实感受到这个职业比其他任何职业重要得多，有魅力得多。哪怕有一丁点疑虑，这一点点疑虑就会逐渐扩大。

女性对待自己的爱人也应如此，在自己的爱人身上感受到他的至高魅力和重要性。

——《人性的，太人性的》

48　不要放弃目标

很多人都沿着自己选择的路努力奋进。

但是，努力实现了自己设定的目标的人并不多。不知从何时起，目标仿佛停留在遥远的过去，只能缅怀、眺望。这种人不在少数。

——《人性的，太人性的》

49 顺从自己的内心

一天中，某些时刻是精神饱满、干劲儿十足的。

这时候你别躲在树荫下看书，不妨任凭自己精气神满满的身体，想做什么做什么。肯定要比昨天进步得多。

等夜晚来临，微微疲倦之时，就懒懒地舒展下四肢，打开台灯，翻开书页吧！

——《生成之清白·比喻与形象》

读书笔记

第二章

爱之篇

50 爱为向导

唯有爱能引导我们。

爱能纠正歪曲，修复伤口，调整方向，让人重整旗鼓。

爱拥有真正的创造力，也只有爱，能成为一切事物的向导。

——《生成之清白·走近查拉图斯特拉》

51 过度的爱，危险

爱得过于强烈，绝非好事，也不意味着纯粹。

例如，对某个特定之人的热烈的爱，是由自私的强烈臆想膨胀起来的。

这种臆想是一种根深蒂固的狂热信念，认为只有那个人才能回应你的热情，只有那个人才能拯救你的爱情困境。

所以，如果对方不回应，你就会陷入深深的苦恼。即使对方给予回应，等待你的也是幻灭和无止境的欲求不满。

因为，与对方能给予的现实之爱相比，你自己的激情期待和疯狂要求更加强烈。

——《生成之清白·认识论 / 自然哲学 / 人类学》

52 出于爱而做的事

凡因为爱而做的事都无关道德。确切说，是出于信仰。

——《生成之清白·道德哲学》

53 以爱命名的桥

为别人有与你不同的生活方式，有与你不同的感受而感到喜悦，这就是所说的爱吧。

爱是一座隐形的桥，连接起两个人的差异。

而连接起我们内心是非对错的桥梁，就是自爱。

如此，便是"对人的爱"。

——《人性的，太人性的·各种意见与箴言》

54 爱存在于善恶的彼岸

什么是善，什么是恶？我们不停用头脑思考这些，但是，我们是用身体活着的，相比于头脑，爱更属于身体。

因此，出于爱而做的事与善恶无关。产生善恶观念之前，爱就已经成为人类生命的本能了。

因而，一切爱的行为都存在于善恶的彼岸。

——《善恶的彼岸》

55 真爱的力量掘出珍宝

人在真爱中会一点点地真真切切地被改变。

因为在真爱中，爱隐藏的力量会激发出惊人的效果。从前深藏不露、无人知晓的优点，高洁的品性，以及人性的光芒都会悄无声息地流露出来。

真爱的力量能挖掘出人身上的珍宝。

——《善恶的彼岸》

56 见异思迁的爱

曾经望眼欲穿、渴望已久的东西一旦得手后，之前的热情和兴趣也会骤然消失得无影无踪。然后，又开始追逐其他类似的东西。

这其中有爱吗？

有的，那是一种对自己的欲望无以复加的狂热之爱。

——《善恶的彼岸》

57 施爱者和乞爱者

施爱者想把自己原原本本献给对方。

而乞爱者希望借对方之手包装自己，再把自己恭恭敬敬地送给对方。

——《生成之清白·女性 / 结婚》

58 首先，爱自己

《圣经》说："爱邻人。"

但是要首先爱自己。

不要妄自菲薄，必须认真地爱自己，珍视自己。

——《查拉图斯特拉如是说·论让人渺小的品德》

读书笔记

第三章

己之篇

59 设定超越自我的目标

你把自己的目标放在什么水平？

你是否在效仿他人设定自己的目标？是否把目标放在稍稍踮起脚尖就能够得着的地方？是否心中描绘的是一个虚幻空洞的目标？

无论什么目标，都必须设置在能超越自己而且能继往开来的地方。

——《生成之清白·走近查拉图斯特拉》

60 坦诚真心

清晰地表达出你所信仰的价值观和看法吧。

明明白白地、堂堂正正地、毫无保留地、通俗易懂地将自己的信条、意愿和主张讲出来。

因为那些胆小怯懦的家伙、卑鄙无耻的家伙、投机钻营的家伙、软弱无能的家伙、鹦鹉学舌的家伙、骑墙观望的家伙，这些人连彰显自己的勇气都没有。

——《生成之清白·道德哲学》

61 以缺点为老师

每个人身上都有不同的缺点或弱点。很多人都不敢正视且非常厌恶自己身上的缺点，更不想让人看见它们。

实际上，缺点和弱点才是最好的老师。

因为，这些缺点和弱点会告诉我们，我们应该克服什么，应该改变什么，以及自己的长处是什么，自己的个性是怎样的。

——《生成之清白·心理学方面的诸多考察》

62 人生所有的体验都是相互联系的

你是否还想重新经历一次从前特别的、美好的、幸福至上的体验？那么你只能再次经历获得这种体验之前的一切经历。

因为，某一种体验并非偶然的、孤立的。人生的任何一种体验都与其他体验密切联系。也正因如此，才凸显出这种体验的独特性。

——《生成之清白·心理学方面的诸多考察》

63 身处群体中，容易丧失自我

人人都认为自己能独立思考，独立做出判断；都认为自己有自己的思考，别人有别人的判断。

然而，一旦混入人群中或变成集体的一员，自己的理解力和判断力不知何时就蒸发不见了，被群体的思维方法和判断同化了。

——《生成之清白·心理学方面的诸多考察》

64 忧虑不安者渴望被爱

有的人不怎么积极地爱别人，反而渴望别人的爱。

为什么他们更渴望被爱呢？其深层原因是他们没有彻底地相信自己。他们时常惴惴不安，怀疑自己的现在，怀疑自己的存在。

因此，他们渴望通过他人的爱来抚慰自己焦灼的、动摇的内心。

——《生成之清白·心理学方面的诸多考察》

65 最好的战斗方式

奋勇作战的你是否完全能看清楚敌人的模样？是否对敌人发起的袭击一清二楚？

敌人一心要将我们打倒在地。他们的口气常常是这样的：

"那种东西毫无意义，真是让人笑掉大牙。什么价值也没有，毫无用处！"

他们的冷笑与嘲讽只是为了让我们怯懦、退缩，丧失自信和前进的动力。然而可笑的是，敌人愚蠢得连自我都无法构建。

因此，我们要通过做敌人无论如何也做不到的事来打败敌人。

也就是，我们要构建自我，创造前所未有的全新价值观，以此来打败敌人。

——《生成之清白·道德哲学》

66 超越梦想向前进

你还不了解自身真正的全部力量。

你怀揣梦想，努力向上攀登。但是你的理想之地并非你能到达的极限。

你的力量要比自己想象的大得多，你的脚步还能走到更远的远方。你的身体里蕴藏着超越你的理想的力量，能够到达比你心中所想更远的地方。

——《生成之清白·道德哲学》

67 写作者的目标

我写作时有个目标，那就是凡是读这书的人都能不由自主地情绪高涨，甚至兴奋地踮起脚尖来。

——《生成之清白·音乐／艺术／文学》

68 行为构建人本身

我们的每一个行为都在构建新的自己，无论如何，我们都会迎来改变。

我们想的是什么，我们要怎么选择，我们拥有怎样的感情，我们相信什么，我们恐惧什么，我们蔑视什么，我们伪装成什么，我们做什么以及我们不做什么，这些问题，我们每天都要遇到很多。

我们的一言一行、一举一动和人生活法都在一刻不停地构建和改变着自己。改变的不只是心灵和本性，还有我们的身体样貌。

现在的我们是过去言行的结果，而明天的我们则是现在种种行为构建的结果。

——《生成之清白·道德哲学》

69 从缺口发现新的自我

一个有能力的人，如果过于相信自己的能力，依赖于自己的能力，他就局限在自己的能力之内，很难进一步扩展自己的能力。

假如他能意识到自身潜藏着诸多疏漏、缺点、不完善、不成熟以及敷衍马虎，那么，他就能从这些缺口处窥见自己的理想状态。

然后，他就可以进行自我变革，推动现实的自己朝着理想的自己靠近。

——《人性的，太人性的·各种意见与箴言》

70 不断蜕变

当你经历过甚至想一死了之的痛楚和苦闷，翻越了无数的艰难险阻，终于从过去中蜕变，感受到新的黑暗与光芒后，你就会改头换面，焕然一新。

而在你身边，那些停滞不前的旧友则变得犹如古老幽灵一般。他们的声音飘忽不定，仿佛是模糊不清的影子发出的响动。他们犹如幽灵，视野狭小，幼稚不堪，透露着顽童般的青涩愚钝。

反过来说，只有真正不断超越自我的人才会实现如此惊人的、震撼的变身。

——《人性的，太人性的·各种意见与箴言》

71　看看赤条条的自己

我们拥有各种各样的东西。不对，我们以为自己拥有各种各样的东西而已。我们真的认为这些东西属于自己，其实看不清这些东西和自己的分界线在哪里。

所以，请你想象一下，当这些东西全部被偷走了该怎么办。所有一切都被掠夺走了，包括金钱、房子、土地、亲人、朋友、头衔、工作、名誉、青春、健康。

那么，还剩下什么呢？还剩下你的感性、能力、追求、期待。这些是别人无法带走的，完完全全属于自己的东西。

你是否发现当自己一无所有时，反而像富翁一样。这些无法被掠夺的东西才是你真正需要细致耕耘的沃土。

——《人性的，太人性的·各种意见与箴言》

72 事实是自己可以掌握的

事实总是如此。只能面对这个事实。我们对这个事实的看法决定了它的价值和色彩。

换句话说，我们消极地看待问题，问题会朝着消极的方向发展；而我们只消极地看待问题，想要让事态好转并不容易。

反过来说，假如我们积极地看待问题，解决问题就容易多了。

——《曙光》

73 人生的园艺师

园艺师整理庭院的篱笆围栏，修剪草木枝叶。

他要剪掉多余的花叶，让庭院整体多晒晒阳光，同时还要给草木做漂亮的造型，剪掉多余的新芽，只留具有生机的一部分。经过园艺师精心的修剪，草木茁壮生长，鲜花争奇斗艳，秋天一到就有累累硕果。

我们也可以像园艺师一样，毫不留恋地处理自己涌出的种种任性与冲动。电闪雷鸣般的愤怒、喷涌欲出的感情、粗鄙的妄想、骤然出现的虚荣心等，我们都用锋利的剪刀剪断，让自己的人生不再受任何人干扰，能自由自在地活出自我。

——《曙光》

74　化腐朽为神奇

　　谁都有自己的弱点和贫乏之处。如果试图掩盖，甚至为此羞愧自卑，那这些弱点和贫乏不会有丝毫改变。

　　那些技艺精湛的园艺师会怎么办呢？假如庭院里有一条孱弱细小的水流，让庭院看起来很寒酸，而园艺师在水流边放上一座精灵的雕像，细小的水流看上去犹如精灵手中滴落下来的甘露汇成的潺潺小溪，甚是别致优美。

　　希望你也能成为技艺高超的人生园艺师。

——《愉悦的智慧》

75 带给自己的欢悦

有的人告诉朋友自己的工作最有意思。有的人说划皮艇时顺流而下的感觉很棒。有的人说俳句的幽邃深远能捕获任何人的心。有的人说奔跑给身体带来真正的愉悦感。有的人说自己以前讨厌做家务，现在觉得做家务很有趣，而且也没那么难。

每个人都认为自己所做的所涉及的事情很有趣，给自己带来不少欢乐。但真正有趣的不是事情本身，而是带着热情和兴趣参与其中，是你给自己带来了喜悦感。

——《人性的，太人性的》

76 不满是因为拒绝与自己战斗

如果你对别人感到不满，你对社会充满敌意，那么你可以好好看看自己，会发现你对自己的现状也有诸多不满。

因为你不敢正视对自己的不满，不得已自欺欺人，将这种愤怒归咎于他人或社会，以逃避责任。但是如此一来，你将永远对社会或他人有愤怒，有意见。

因此，你应该放下这些，首先正视自身的问题，并正确处理，即便没有顺利解决也没关系。按照自己的方法、自己的节奏处理，问题就会得到妥善解决，而自己对他人、对社会的不满也会逐渐减少。

——《人性的，太人性的》

77 通往理想之路构建道德

心怀理想是好事，而且，最好是在年轻时就找到实现理想的路。

找到了理想之路，就会下意识地严于律己，慢慢地形成一套自己的伦理道德和行为规范，认真坦然地活下去。

——《善恶的彼岸》

78 面对自己时的踌躇

对他人坦诚地展现自己，毫无保留地流露真心，率直地表达自己的观点和感情，做到这些并非难事。

但是，面对自己，我们却很难做到如此坦诚、直率。

——《生成之清白·心理学方面的诸多考察》

79 为了公正，秉持孤独

所谓公正，就是对任何事、任何人都保持一定的距离。这里讲的任何人，包括亲密的人、憎恶的人、倾慕的人，甚至包括自己本身。

也许，人们可以称其为"孤独者"的立场。

——《生成之清白·心理学方面的诸多考察》

80 自由的标志

我知道，你想要自由。你觉得只要有了自由，就能最大限度地发挥自身的潜力。

那你现在自由吗？

你知道什么才能证明你是自由的？

那就是你对自身没什么可羞愧的。

——《愉悦的智慧》

81 爱慕虚荣是自欺欺人

虚荣心强的人，也就是爱慕虚荣的人，只关心自己的形象是不是比别人优秀。

他们完全不关心所谓的内涵或实质，只关心自己在别人的眼中有多么优秀强大，也就是说他们总是小心翼翼地用假象蒙蔽他人的双眼。

他们热衷于贪慕虚荣，甚至不知不觉连自己都蒙蔽了。

——《人性的，太人性的》

82　为什么我们只能给出平庸的建议

如果突然被人询问意见，我们只会说出一些平庸的套话。为什么呢？因为在那时，我们完全想不起自己真正的想法。

是不是我们比较健忘？或者是我们下意识地区分社会中的自己和私下的自己？抑或是我们都戴着薄薄的面具在生活中演戏？又或者是单纯地由于我们不够坦诚？

——《人性的，太人性的》

83 切勿妄自菲薄

无论做什么，都要全身心地投入其中。这样做并不是为了得到一个被认可的好结果，而是为了事后你不轻视自己。

假如你没有全心全意地投入其中，甚至偷工减料、马虎敷衍、潦草应付后甩手不管，到头来都是对自己行为的嘲弄。自己所做的完全没有什么价值和意义，这种行为简直等同于慢性自杀。

——《偶像的黄昏·箴言与箭》

84 写字著书

写书并非是教人大道理，也不是居高临下地向读者夸耀自己的地位。

写书是一种证明。证明自己经过一系列的考验克服了自我，超越了过往的自己，蜕变成了崭新的自己。

写书绝不是出于个人的自我满足，而是向人们展示自己战胜苦难、超越自我的实例。这对他人是一种鼓舞，希望对现实中的读者的人生有微薄的助力。

——《人性的，太人性的·各种意见与箴言》

85 释放内心的野性

你是否灰心丧气？是否身心俱疲？那就好好休息吧。让自己的大脑放空，什么也不去想。

然后，试着活动身体。任由身体像动物般尽情地舒展。用肌肤去真切触碰，去感受风，感受水，用力地活动身体，直至肌肉发热；高声地呐喊，充分地沐浴阳光，尽情地感受夜晚的冷寂，深深地闻闻花草香气，大饱口福，醋醉一场，闭上眼睛，任由喜悦在胸中回荡。

将封存在内心深处的野性释放出来吧，我相信你内心的那头野兽必将治愈你，必将把久违的精气神归还于你。

——《偶像的黄昏·箴言与箭》

86 在自我的最高境界，感受盛夏

你有没有自己的盛夏？

或者是你真正渴望自己的盛夏来临吗？

只有那高山之巅的险峰才能迎来的盛夏。只有那望不见顶的高山才能迎来的盛夏。

绚烂夺目的盛夏在高山峰顶，那里只有冰雪、秃鹫和死神去过。

——《生成之清白·走近查拉图斯特拉》

第四章

言之篇

87　说话的时机与内容

我们应该什么时候说话？

就在如果继续沉默不语就不能被原谅的时候。

那时候应该说什么话呢？

只需淡然说出自己已经完成的事情，说出自己已经克服的事情。

——《人性的，太人性的》

88 让言辞散发香气

芳香气味中，有的味道和谐融洽，有的却相互排斥、失调。

同样，人的语言也各有各的味道，有的言辞和谐，有的则有失协调。

因此，我们在使用语言时，就要更加地细腻敏感，多推敲用词，让语言释放出迷人的香气。

——《人性的，太人性的·漫游者和他的影子》

89 如果想击伤对手

我们会因为什么去诽谤中伤对手呢?

我们的目的就是去打击对手吗? 其实打击对手很容易, 没必要污言秽语、破口大骂, 更无须添油加醋, 说出事情的真相, 就是给对手最好的打击。

——《生成之清白·心理学方面的诸多考察》

90　创作者树立的旗帜

思维活跃的年轻人或时代新潮流的开拓者，他们会就有关价值创造全新的独特语言。这些语言仿佛是矗立在大海中的旗帜，象征着他们独立找到新价值的喜悦与感受。

——《生成之清白·道德哲学》

91 语言中的曲解

　　无论使用什么语言，字里行间多多少少都会带有先入为主的观点或一定的偏见。

　　我们并没有直接地接受语言信息，总是对语言中淡淡的弦外之音极为敏感，心灵与情绪也受其影响而起伏不定。

　　——《人性的，太人性的·漫游者和他的影子》

92 驶向语言的大海

许多人觉得自己能说话，也能理解他人的话，更能充分表达自己的想法。但实际上我们使用的语言称不上丰富多彩，并且，我们只使用自己掌握的词语。我们在有限的语言范围内思考，用更有限的语言去表达自己。思维的规模也不过是有限的语言构成的水池而已。

因此，想要有大格局，遇见更广阔的世界，深度开发自己的潜力，首先要将自己语言的水池变成大海。

——《曙光》

93　问对方简单易答的问题

想要顺利与对方交流下去，就要问他简单易答的问题。

如果净问些让人费尽思量、难以回答的问题，只会让人望而生畏。

因为，人们只愿意听到那些轻松易答的问题或是已经准备好答案的问题。

——《愉悦的智慧》

94 谎言中的真实

说谎之人，并不能用巧舌把所有真相都隐瞒住。

这是因为，说谎者撒谎时的语气、说话的方式、微妙细小的表现，即使他们自己以为表演无懈可击，结局却是从其他角度暴露了真相。

——《善恶的彼岸》

95 言难尽意

即便把心中所想全都讲明白，也依然感觉有没说到的地方。无论将曾经的体验表达多少遍，也依然有某种不确定的感触未被说出。

这也无可厚非。再多再好的遣词造句，也无法将所有的一切原原本本地表达出来。

语言只能把平均的、中庸的、能够传达大致中心思想的内容传递给对方。

听者当场只能大致地理解，只有过后自己真正体验过了，才能感受到他人口中描述的"体验"。

——《偶像的黄昏·一个不合时宜者的漫游》

读书笔记

第五章

人之篇

96 不断发展变化的人

每个人都有自己的性格，人们常说"江山易改本性难移"。但是，假设一个人有八万年的寿命，那他的性格就会不断地发展变化着吧。

因为人的实际寿命仅有数十年。我们只不过是根据一个人短时间内的外在表现、言行举止，把他的性格看成是稳定不变的。

对比一下自己，就能明白其中缘由，因为我们通常对不同的人表现出不同的言行。

因此说，日常生活中遇见不同的人，碰到不同的机遇时，我们也时时刻刻在改变着。

——《人性的，太人性的》

97 当你不清楚应有的人生态度时

你是否遇到了什么难题才如此坐立不安？

抑或是你不清楚自己应有的人生态度？

那么，你可以将自己真正信赖的人全部想个遍。

那些人正是你自己的心之所向，他们的人生态度应该是与你相近的。

——《生成之清白·心理学方面的诸多考察》

98　强大不等于冷酷

某些态度、言辞、行为，在我们看来似乎出自很厉害的强者。

但这只是我们单方面的错觉。

其实，那些所谓的态度、言辞、行为，包括其本人，只是冷酷淡漠罢了。

——《生成之清白·心理学方面的诸多考察》

99 狡猾之人的本质

老奸巨猾的人、卑劣怯懦的人、爱耍小聪明的人，我们基本上很难看透这些人的本性。因为无法理解，更觉得他们内心复杂，城府很深。

但是，狡猾之人并不复杂，他们做事的宗旨就是"万事利字当头"。从这一点来说，他们实属单纯至极。

——《生成之清白·心理学方面的诸多考察》

100 给人帮助时，我们出于什么心理

我们对人施与援手时，往往倾向于将他人归为更弱小更落魄的一类。

比如说：患病的人，或者不接受帮助就活不下去的人，无赞助就落魄潦倒的艺术家，心智尚未成熟的孩子，羸弱得让人心生怜悯的人，等等。

无论事实如何，从心理上来说，人们无法帮助那些与自己有同等实力、财力或能力的人。

——《生成之清白·心理学方面的诸多考察》

101 热心工作的人是交友首选

想结交好友，最好选择热心工作的人。他们人品不错，也很靠谱。而且专注力好，吸收知识快，能融会贯通，举一反三，备受周围人信赖。

那些对工作三心二意、马虎敷衍的人可以首先排除。那些雷声大雨点小、频繁换工作的人也不值得信赖。这些人整日无所事事，把妄想吹嘘得像真的一样，还会到处说人坏话。更有甚者，他们还好为人师，插手别人的事情，是麻烦精。

——《人性的，太人性的·各种意见与箴言》

102 为了友情保持沉默

有关自己知己好友的事，最好不要在旁人面前说长道短，谈论过多。

因为友情最核心的东西是无法用语言表达的。

如果试图用语言去说明友谊，那就难以避免会偏离主题，在此过程中，当你亲耳听着自己用语言描述的友情时，你会对自己的友情产生怀疑。

——《人性的，太人性的·各种意见与箴言》

103 对友人的同情心

假设朋友做了件羞耻丢人的事，我们得知后会觉得难过。这种难过的心情甚至比我们自己做了羞耻之事时更强烈，更难堪。

这是为何呢？

也许因为我们对朋友的信赖与同情非常纯粹，没有丝毫的利己成分，是一种对朋友本身的关爱。大概是我们对朋友遭受的耻辱有所感应吧。因此，我们因对朋友的同情而导致的痛苦要比一般的痛苦更加地强烈。

——《人性的，太人性的》

104 过度的热情是对你心存戒备的证据

无论何时造访都被主人热情款待，你一定很高兴吧。会觉得这个主人很不错吧。

但其实，被主人过度热情地款待，证明他对你还没放下戒备心。因为过度热情是消除对方敌意的手段。

如果真心当你是朋友，也用不着对你过分热情。因为他觉得很安全，很安心，没有必要对你戒备。

——《曙光》

105 直面自己内心的恶

我们应该直面内心的恶，不能刻意回避、装作心中从未有恶，更不能居高临下地鄙视恶的存在，我们要妥善对待心中的恶，就像我们用心保护、修整自己珍视的森林树木一样。

我们观察人们对树木的养护，会发现，人工间伐过密的树木，开垦林野，这种细致周到的修整能让森林更有活力，更加茁壮成长，也让大地更加温暖。

同修整森林一样，我们要妥善地、耐心地对待内心的恶。只有这样，我们才能养成宽广的心胸和健康的人格。

——《生成之清白·道德哲学》

106 成为受人尊敬的强者

你要成为强者。

你要成为受人尊敬的强者。

真正的强者会赦免失败的敌人，而且会更宽容地看待并由衷地赞美敌人的胜利。

——《生成之清白·道德哲学》

107 我憎恶的人

我憎恶那些不懂宽恕体谅他者的人。

——《生成之清白·道德哲学》

120

107 我憎恶的人

我憎恶那些不懂宽恕体谅他者的人。

——《生成之清白·道德哲学》

108　依赖他人的人

你在等待自己的拯救者吗？

因为你自己的散漫放纵和依赖他人造成的各种麻烦和纷争，你无法独立解决，所以才盼着有人来替你解决所有问题吗？

不，你并没有在等待拯救者。你真正期盼的是，拼命把你束缚住的人，是像驯兽师那样，给你饵料，拿着皮鞭，巧妙调教你的人。

——《生成之清白·道德哲学》

109 其曲弥高，其和弥寡

非凡卓越的人才，技艺超群的精英，时代浪尖的弄潮儿，他们的思维、言辞、举止行为是普通人无法理解的。

人对于远超自己能力上限的事情很难想象，理解更无从谈起。

因此，超凡卓越的人通常看起来像怪人、奇人，甚至都不能入普通人的眼。

——《生成之清白·道德哲学》

110 怎样才堪称奉献

是不是只有慈善或道德行为才称得上奉献?

其实不然。体贴他人、以他人为重的行为,都能称得上是奉献。

——《人性的,太人性的·各种意见与箴言》

111 内心不快乐的人才不停地追逐欢愉

不能认真工作、好好生活，整日贪图安逸、耽于享乐的人，无时无刻不在追求欢乐。在别人看来，他们就是渴望更多之欢悦、更强烈之刺激、更多更浓之快感的堕落者。

但实际上，无论做什么，他们感觉不到一丝快乐，总是索然无味，所以才一刻不停地渴望欢乐。

换句话说，他们还没有找到让自己由衷感到喜悦的东西，他们也不可能找到。

——《人性的，太人性的·各种意见与箴言》

112　具有独创性的人

具有独创性的人并不是制造奇异装置、稀奇古怪玩意儿的人。

而是视角敏锐、思维活跃和感情细腻的人。他们能从司空见惯的、陈旧过时早被人抛却的、外表平淡无奇总被人忽略不见的事物中，找到全新的犹如从未来穿越过来的新东西。

——《人性的，太人性的·各种意见与箴言》

113 所谓天才

什么是人们所说的天赋？

是血脉中突然崛起的吗？是大自然反复无常所产生的特殊的人类才能吗？

不，天赋是一种意志，是一种行动，也就是说，天才渴望实现更高的目标，也渴望掌握实现目标的方法。

——《人性的，太人性的·各种意见与箴言》

114 幸灾乐祸的人是什么心态

幸灾乐祸的人心中埋藏对现实的不如意、对无可奈何之事的苦痛、对空虚贫乏的不满，各种愤懑与不平充斥胸中。因此，他们要利用别人的不幸，平复胸中的嫉妒与怨怼。

同时，幸灾乐祸的人还会用心牢记旁人的各种失败与不幸，以此来提醒自己"我比他做得更好，我比他更幸福"。也就是说，他们的眼睛只关注处于劣势的人，总是找别人的倒霉事、灾祸和弱点。他们的喜悦或哀叹都是扭曲的、不正常的，因为无论是喜还是忧，都是对比自己得出来的结论。

——《人性的，太人性的·漫游者和他的影子》

115　当你感知到与自己同频的人

　　无论境遇、身份、性格多么不同的两个人，只要尝过同样的苦痛，他们就会成为具有相似点的同一类人。

　　比如说两人同去登山，当他们体验过登山的痛苦、疲惫，同样有过气喘吁吁、口干舌燥、汗流浃背、疼痛难忍的经历，但也眺望过同样的美景，他们用身体切切实实地感受到两人是同一类人。

　　——《人性的，太人性的·漫游者和他的影子》

116　毁灭年轻人的毒药

"你们应该更尊崇与自己有相同观点的人，而不是那些持有不同观点的人。"如果经常这样教导年轻人，那么年轻人必将变成不靠谱的人。

同样道理，如果教导年轻人把从众、依赖、迎合当作一种高尚的品格，这样的年轻人也会很快迷失自我，变成无可救药的人。

——《曙光》

117 如果动物会说话

一个会说话的动物如是说：

"哎呀，真搞不懂人这种东西。每天好好过日子不行吗？非要摆出一脸痛苦的表情，嘴巴嘟嘟囔囔着'人性''道德感'什么的，简直是不知所云。那些东西能当饭吃吗？就算能吃，一定也不好吃。因为啊，每次我看他们嘴里吐出这些个词儿时，就是一脸痛苦。那能好吃吗！"

——《曙光》

118　动物眼中的人类

也许，动物们一直把人当作同类。

在动物眼中人类是一种生活不规律不健康的动物，是超出常规、危险癫狂的野兽，是毫无操守、时而捧腹大笑、时而掩面痛哭的不幸动物。

——《愉悦的智慧》

119 何谓伟大

伟岸的大人物是什么？相反，卑劣的小人物是什么？

雄伟指的是什么？巨人指的是什么？什么是神的正义？人又是什么？

熟读圣贤之书的人知晓答案。

——《善恶的彼岸》

120　塑造高尚的人

世界上有一些品格高尚之人。他们的敏锐感性和细腻感情让人钦佩。他们是如何拥有这种品格的呢？

这种品格难道是与生俱来的吗？难道是本身超凡的感性塑造的吗？

并不是。他们依靠自身的不断努力才将敏锐的感性保持至今。

——《善恶的彼岸》

121 如何发挥天赋

有天赋的人，如果仅仅依赖天赋只会变得俗不可耐，让人退避三舍。

如果想要充分发挥自己的天赋，还有两样东西是必不可少的。

一个是感恩之心，另一个就是人性的纯粹。

——《善恶的彼岸》

122　友善与不信任

人们虽然为马戏团小丑的言行举止捧腹大笑，但是并没有真心认为小丑是个让人毫无顾忌、可以安心接纳的角色。人们依然对小丑有隐隐约约的不信任。

同样，对于所谓亲切热忱的人，我们依然有挥之不去的些许不信任。这是因为我们的直觉感受到，在他亲昵热忱和取悦讨好的背后，隐藏着对他人的藐视。

——《善恶的彼岸》

123 当人格暴露出来时

我们很难了解某个人真正的人格或他真实的样子。因为繁忙的工作、人情世故、身份地位、立场站队、实力才华等因素粉饰了他真正的人格。

因此，当工作丧失、才华实力无用武之地、地位身份失去作用时，他真实的样子才清清楚楚地展现在众人面前。

——《善恶的彼岸》

124 怎么看人

总能看到他人粗鄙、卑劣的一面，常能敏感地捕捉到他人的软弱和欺骗，很自然地认为他人的言行举止背后有某种意图。

总能发现他人身上的人性高光点，情不自禁地赞叹他人的优秀，对别人的缺点并不在意，反而觉得亲切可爱。

你选择哪一方呢？或者你原本是哪一类的人呢？

——《善恶的彼岸》

125　堂堂正正的人

面朝地中海的热那亚的丘陵上，有一条干燥的小路。

在那条路上，是否还没出现过面对地中海从未感到渺小的人？是否还没出现过能昂首挺胸走向山丘的人？

——《生成之清白·关于尼采自己》

126　什么是缔结契约

缔结契约。表述契约内容的语言。不，语言是多余的。

为什么呢。因为缔结契约这件事，就是将自己的与对方的全部混合在一起。

——《曙光》

127 别靠近这种人

如果结交朋友的话，我认为去结交那些胆大的人、面色平静波澜不惊的人、思维活泛的人、不怨恨的人、心思灵巧的人为好。

危险的是那些心胸狭隘的人。一旦碰上麻烦或惹上纠纷，他们是最容易走极端的。他们不懂得以合理的方式解决小分歧、小误会、小摩擦，也不懂怎么找到妥善回击、顺利解决问题的办法。

而且这些人一旦产生憎恶，就没完没了。脑子里只会盘算如何消灭对方。所以，要持有十二分的戒备心，千万不要靠近这些人。

——《曙光》

128　不要理会批判和坏话

"那家伙完全不懂怎么做人啊！"

"他就是不懂人情世故而已吧！"

"人情世故他懂得太多了，就是除了人情世故别的
什么也不懂罢了。虽然懂凡夫俗子的俗世，但是碰上不
普通不平常的事情就一无所知。"

就像这样，批评别人，说别人坏话，很多是缺乏事
实根据的。接着，他的同伙也用同样的语气吐出藏在心
中的恶言恶语。

——《曙光》

129 那些大言不惭的人

有这样一类人，喜欢就人类、国家、人民生活等问题大肆发表自己的看法。

这种一脸严肃的、大吹大擂的人，常常也是那种不守承诺、不遵纪守法之徒。

对于平常老百姓都会遵守的事，他们表现得好像他们缺少良知。

——《人性的，太人性的》

130 品味美好关系

常吃零食点心的话，一日三餐就会越来越没胃口。

人际关系也同样如此。与太多人因人情世故打交道的话，逐渐就对人际关系产生厌烦感。这时候不妨试试一个人独处。

过一段时间再接触一下久违的社交圈，就感到"胃口特别好"。

——《人性的，太人性的·各种意见与箴言》

131 你离天才不远

普通人不觉得自己普通，甚至觉得自己一点儿都不比别人差。而且普通人认为自己在某些领域还比较出色。

但是普通人绝不会嫉妒历史上绝对无与伦比的天才。因为在他们眼中，天才是一种奇迹的集合体，是一种与平凡之人有着天壤之别的存在。如歌德所言"如果是天上的星星，人们并不渴望"。

但实际上，无论是哪位天才，都是在脚踏实地和发奋努力后创造出伟大的作品的，没有半点所谓的奇迹成分。当然了，普通人是无法想象这种原本如此并且显而易见的道理的。

——《人性的，太人性的》

132 人可以改变

不知从何时起你会把自己当成一块有固定形状的硬石头，这并不是什么好事。如果你认定自己的个性已经定型，接下来只是外在多少会有一些变化，那么你就真的只是那样了。

无论长到多少岁，人都是可以无限改变的。我们依然可以像捏黏土一样塑造理想中的自己。

只要你敢想，只要你有足够的意志，你真的可以改变自己，上升到更高的高度。

——《生成之清白·走近查拉图斯特拉》

读书笔记

第六章

智之篇

133 真相之痛

想知道真相吗？那就请做好准备承受知晓真相以后的痛苦吧！

但是带来痛苦的并非是真相。为什么呢？

我们每个人对不同的事情都怀有各自的信念，对必然如此的事情抱有坚定不移的态度。

然而，当这种坚定信念和理所应当的固有理念遭到真相彻底地破坏后，我们心中坚守的信念和脚下坚实的基石就开始分崩离析。这种分崩离析会狠狠地刺痛我们的心。

——《生成之清白·认识论／自然哲学／人类学》

134 对新事物的畏惧

人们了解或认识新事物后，会把它们归入旧事物的区域，把它们与自己以往熟知的事物排列在一起，获得短暂的安心感。

其实对于真正的新事物，人们连知晓都谈不上，何谈了解？因此，对于真正的新事物，人们首先感到的是畏惧。

——《生成之清白·认识论／自然哲学／人类学》

135　思想的意义犹如星座

读过很多书，思考过很多问题的人，听到或遇到新思想、新观点时，是否会惊讶？是否会因觉得不协调而感到困惑？

恰好相反。我们能清楚地看到，新思想和看待事物的新方式，与旧观念恰当地联结在一起，整体上形成一条锁链，我们可以更清晰地理解它们。

这就如同星星因其所处的位置而具有了新的意义。

——《人性的，太人性的·各种意见与箴言》

136 智慧制怒

缺少智慧、头脑愚笨的人有共同的特征——易怒，抱怨连连，发牢骚，急躁，心神不定。

随着智慧的增多，怒气与愤懑就会变少。

——《人性的，太人性的·漫游者和他的影子》

137　智慧的底衬

正因为有黑夜的冰凉与幽暗，才让人懂得阳光的温暖与耀眼。

——《生成之清白·心理学方面的诸多考察》

138 美人与真理

美人与真理有个共通点。

当人们征服美人、发现真理时才意识到，自己心中远没有当初想方设法去征服美人、千方百计去探索真理时的激情与狂热了。

——《生成之清白·心理学方面的诸多考察》

139　智慧是武器

智慧有什么用处？

人活着就会经历几种时刻。困惑犹豫的时刻，不知所措的时刻，超出认知范围的突发问题让人有心无力的时刻，精神上受到打击、得不到任何援手的时刻。

在这样的时刻，我们茫然不知所措。但是智慧能给我们带来新的价值观或思维方式，能帮助我们从这些困厄的时刻里挣脱出来。

从这个意义上来说，智慧就是拯救我们自己的武器。

——《哲学家的书·关于<站在困境里的哲学>的考察》

140 学习的效果

只要学习就能获得知识。但是很多人发牢骚，认为这些知识在社会上起不到多大作用。

这其实也无可厚非，因为短短几年的时间，学到的知识仅仅是沧海一粟、九牛一毛。

其实，学习的效果并非只是增加知识，人们通过学习也锻炼了自己的能力：缜密调查的能力、推理推断的能力、耐力、毅力、多角度观察事物的能力、大胆假设小心求证的能力等。我们掌握的这些能力都能广泛运用于各个领域。

——《人性的，太人性的》

141 一册书

书籍到底有什么价值呢?

从某种意义上来说,一本书就相当于是一副棺椁,里面横躺的只有过去。我们从书籍中获取的也是过去。

然而,在那个仅仅封印过去的棺椁里,有一种会呼吸的"永恒"永驻其间。

在那里,掠过汪洋的海风呼呼刮着,伴随炮弹的轰鸣声割裂空气,还有怪物在嗤笑着。

——诗《愉悦的智慧》

142　肉体中寄宿着莫大的理性

很多人认为自己的肉体里寄宿着精神和理性，他们深信是精神和理性在指挥着肉体行动。

但现实情况如何呢？精神和理性能否操控我们身体的各个器官精密地运转？当危险来临时，精神和理性能瞬间给肉体下达避险的指示吗？

事实上，为了自救，在精神或理性发挥作用之前，我们的肉体已经自动地做出了有利于自己的行为。从这一点上来看，便知身体中寄宿着充满生存智慧的莫大的理性。

——《查拉图斯特拉如是说·有关轻视身体的人》

第七章

世之篇

143　行动方乃正道

所谓的常识、道德、伦理总是在耳边聒噪不休，告诉你这个不应该，那个要克制。长此以往，我们做事便会犹豫不决、瞻前顾后、左思右想，结果就是举手投降、畏缩不前。

我们在实际做事的时候，无须去迎合所谓的规矩、道德、常识。只要我们一心一意地、毫不拖泥带水地直奔我们想做的事，那些干扰、无聊、无用的东西自然而然就会被我们甩掉。

因此，不要担忧什么阻碍，我们只管带着满腔热血，尽情痛快地直奔目的地。

——《愉悦的智慧》

144 不要逃避现实

我恳求你不要逃避现实。即便你厌恶现在的自己，厌恶现在的世界，也不要逃到自己小心翼翼编织的理想幻境中，不要幻想着自己超越了现实。

切勿忘记所有的一切都产生于现实世界。无论是宗教，还是艺术，也包括你自己。

——《哲学家的书·关于＜站在困境里的哲学＞的考察》

145 世人的看法

世人总是心照不宣地认定，谁是感情用事之人，谁是冷酷无情之人，谁又是聪慧机敏之人。甚至认为他们之后一直是那样的角色。

因此，一旦他们看见那个原本安排当聪颖角色的人突然表现得左右为难、坐立不安，难做决断，他们就会立刻感到大失所望，认为他与之前的标签不符，于是就开始用不信任的眼光看待这个人。

——《善恶的彼岸》

146 我们无法看清任何事物的全貌

人的眼睛虽然有类似照相机的功能，但是人并不能像照相机镜头那样，捕捉到所有的事物。

比如，陶醉于群山绵延的夕照美景时，并没有将远处的自然美景完全收入眼中。

即使你认为自己内心毫无遮掩，平静坦然地眺望着远方，但你会不自觉地在远方美景的上空覆盖上灵魂的薄膜。

这层薄膜是你长年累月形成习惯的模糊感觉，是眺望远方时的心境，是人生的各种记忆碎片。

你为这风景盖上这些薄膜，远眺的眼眸沉醉其中。从另一层意义上来说，你眺望的世界已经成了你身体的一部分。

——《生成之清白·比喻与形象》

147 产生价值的事物

任何东西都不是一开始就有价值。但是，当有人能便捷使用它时，它就对这个人产生了价值。

但现如今，符合人们兴趣的东西，远比能便捷使用的东西价值高。也就是说，像兴趣、爱好、品位等动态变化的抽象性概念会赋予事物更高的价值。

——《生成之清白·认识论 / 自然哲学 / 人类学》

148 因态度而让人信服

如果你用极为高尚伟岸、傲睨万物的姿态和超凡的领袖气质去找对方谈话，无论内容如何，别人都会接受。

但是，如果你谈话时明明白白陈述事情的依据和理由，反而会让对方产生不信任感。

也就是说，人们会仅凭印象做出草率的初步判断。

——《生成之清白·认识论／自然哲学／人类学》

149 不同的人有不同的道德标准

世界上有各种各样的道德（伦理）体系。

人们会自觉不自觉地选择其中的一个或几个当作自己的道德标准。

而且，人们会无意识地选择适合于自己的道德体系。

——《生成之清白·道德哲学》

150 权威由丧失生存活力的人支撑着

究竟是什么人能轻易地认同权威，对权威深信不疑、唯命是从，并且为权威摇旗呐喊，推崇权威呢？

是那些创造力日益衰弱的人。是那些丧失自我思考、毫无自我主张、没有开拓能力的人。

权威，就是靠这些丧失了生存活力的人在背后支撑着的。

——《生成之清白·道德哲学》

151　国际化对人的淬炼

随着时代的发展，包括民族服饰、风俗习惯、既定的思维方式、方言、文艺形式在内的民族性以及一个民族从过去继承下来的东西会逐渐加速被淡化。

但是这并不值得感叹惋惜。因为这意味着人们正走在跨越国家、民族藩篱，与遥远的人们达成相互理解的路上，从某种意义上来说是人们正走在成为更高尚优雅的人类的道路上。

如此，每个民族沿袭的以往的野蛮陈旧的传统也会逐渐剥离，蜕变成更高尚的人。

——《生成之清白·文化》

152　文化像是苹果皮

文化犹如苹果的薄皮。

在泛着冰凉光泽的薄皮下，是赫然熊熊燃烧的卷着旋涡的混沌感。

——《生成之清白·文化》

153 世人的不解

世人往往不能分辨其中的差异。

从浑浊的浅水中钓鱼的人和从深水里捞鱼的人，他们之间是有差别的。

——《人性的，太人性的·各种意见与箴言》

154 大人中的孩童

对于孩子来说，游戏就是工作。童话是真实的。

那么，对大人来说游戏是工作吗？童话是绝不会在现实生活中出现的荒诞无稽的虚幻故事吗？

并非如此。大人也在玩着自己称之为"工作"的游戏，大人也在世间形形色色的"故事"中寻觅着远多于孩提时代的真实，并为此时而微笑时而哭泣地活着。

——《人性的，太人性的·各种意见与箴言》

155 慈善的条件

绝对不贫困，甚至还比较富足。受世人敬重。总能被礼貌耐心地对待，也没有什么恶评。身体健康，目前没有牙疼。

生活富足，才有余裕行善。

——《人性的，太人性的·漫游者和他的影子》

156 语言中的大自然和真正的大自然

"大自然很美。""大自然很残酷。""大自然是永恒的。"……像这样去描述大自然是每个人的自由。但是，每当人们描述大自然时，反而完全忘记了自己也是大自然的一部分。

因此，人们本以为可以自由地描绘自然，但真正的大自然是与想象不同的。

——《人性的，太人性的·漫游者和他的影子》

157　试图彰显威严之人的真面目

　　仔细看那些头衔显赫的人，他们总是穿着显示地位身份的服饰，摆出看似忠厚老实的神情，用镇定缓慢的动作来制造压迫感。煞有介事地出席会议或仪式，喜欢说冗长的令人费解的大道理和使用华而不实的措辞，即便是感到奇怪的时候也只是稍稍沉下脸而已。

　　他们就是这样来显示自己的威严。但他们为何要显示威严呢？为了给周围制造恐惧感——对其组织的恐惧感和对其本人的恐惧感。他们想通过阴险扭曲制造的恐惧感来操控别人。

　　然而，为了制造恐惧感而做到这种地步的人，实际上都是胆小怯懦的。或者说他们并无威严的资本。

　　　　　　　　　　　　　　　　——《曙光》

158 地狱视角

人类中，充斥着一些根本不像人的人。他们的特点是，只把他人看作为其所用的工具。在他们极度蔑视他人时，他人在他眼中甚至连工具都不如。

其实，他们也是这么看待自己的。因此他们有时会对自己粗暴简慢，甚至轻而易举地抛弃自己。

——《人性的，太人性的》

159 优秀的作家拥有不同人的思想

为什么优秀的作家能够将不同时代的人物描写得如此栩栩如生？能够将他们的一言一行、所思所想，甚至感情变化的微妙之处都刻画得如此生动鲜活？为什么他除了做自己，还能变身成境遇、性格完全不同的另一个人呢？

这是因为优秀的作家，他们的内心和精神世界是极为丰富的，可以同时拥有知己好友甚至陌生人的心境与精神。他们的思想是众多思想的集合，也就是说，他具备不同人的思想，有很多人住在他心中，和他共同生活。

——《人性的，太人性的》

160 关于原因与结果

常言道：有因必有果。但实际上因果二者并没有直接关系。

而且，原因仅仅是从多次被认定为结果的现象中大致推测推理出来的。不同的结果推导出来的原因也完全不同。

但实际上，无论是原因还是结果都属于事物发展过程中某一阶段的状态而已。何为原因？何为结果？也只因为看的角度不同罢了。而硬要将它们牵强地联系在一起并起个名字的只是我们的大脑。

——《愉悦的智慧》

161 胜利绝非偶然

在输赢中，赢家或有侥幸，却绝无偶然。

世界上没有一个赢家相信偶然成功一说。

——《愉悦的智慧》

162　迎敌的喜悦

当不可饶恕的敌人出现，你必须与之战斗到底。

那就请你欣然迎敌。命运站在你这边。是命运为了让你胜利才将敌人送到你面前。

你正在接收命运的最高礼遇。

——《愉悦的智慧》

163 印象总被染上相同色彩

如若你想让人觉得你是个可怕之人，你就应该真诚而谨慎地讲讲你经历的可怕之事。如若你想让人觉得你冷酷无情，那就聊聊你冷酷无情的经历。如若你想让人觉得你是一个复杂的人，那么只要说出你复杂且麻烦的经历就行了。

很多人没有把发生的事和经历这件事的人区别开，往往将之混为一谈，给两者的印象涂上相同色彩。

——《善恶的彼岸》

164　疯狂的群体性

罕有个体陷入狂热状态。

然而，当个体组成某个团体，结成某个党派，或团结成一个民族，甚至卷入时代的旋涡时，作为群体在不知不觉间陷入狂热状态就再正常不过了。

——《善恶的彼岸》

165 高尚的人

我热切期盼着品性高尚的人的出现。

品性高尚的人决不对任何人奉承谄媚。周围人可能觉得他们是傲慢的利己主义者，但其实他们很自信地认为自己才是事物价值的决定者。

即便没有其他人的认可，他们依然我行我素，坚持本心。他们秉持着与传统的、世俗的价值观毫无关联的自我伦理标准，心无旁骛，一路向前。

这样的人是否尚未出现呢？

——《善恶的彼岸》

166 避免随波逐流

人生在世，少不了要与他人打交道。然而很多人在社会交往中，往往容易丧失自己的纯粹性，甚至变得卑微。

因此，我们必须更坚韧更刚强，不被他人的看法或人际关系牵着鼻子走，不沾染世俗，不随波逐流，固守本心。

因此，我们需要的就是果断舍弃、勇气以及洞察力。在与人来往的同时，也不随世俗的风浪随处漂泊。

另外，也请不要害怕孤独。正因为孤独，我们才能感受全面审视自我的乐趣。

——《善恶的彼岸》

167 登上高处，你想看见什么

　　不断地自我超越，持续地发展变化，毫不停歇地向上攀登，你终于到达了高处，站到了那犹如山巅般让人眼界开阔的地方。

　　你站在高处想眺望什么？

　　是仰起脸，眺望峰顶倒影在云之彼端的影子吗？还是脸上浮现得意的笑容，轻蔑地睥睨山下的凡夫俗子？

　　　　　　　　　　　　　　——《善恶的彼岸》

168 女人是世间的蜂蜜

人世间的女人总是尽量保持好情绪，一些琐碎小事就能让她们笑容甜美，她们向往灿烂美好，从不愁眉苦脸，脸上带着孩童般的天真无邪。即便如此，还有人指责她们轻佻浮华、粗野不雅、得意忘形。

但是，她们才是这个世间的蜂蜜。社会上冷酷严苛的事层出不穷。各种悲惨得快让人窒息的事件或严重尖锐的问题更是掩盖不住。而她们像甘甜的蜂蜜一样，抚慰我们疲惫的心灵，缓和我们的心绪，让我们得以喘歇。

如果她们消失了，我们怎能忍耐得了这个世界。

——《生成之清白·女性 / 结婚》

169　女性的存在

如果有女性陪在身边，一个想要变得伟大的人会清晰地看到自己通往伟大的道路，也能紧紧地抓住机遇踏上这条路。

这是因为，女性以其全部的存在，向男性暗示了某种本能的道德规范。

——《生成之清白·女性／结婚》

170 因恐惧而表示赞同的人

　　并非所有人都是在深思熟虑的基础上才去赞成或支持他人的意见。

　　比如说，怕失去友情而选择赞同。或是不想当出头鸟而选择支持。或是不想惹周围人不快而选择支持。

　　无论是哪种原因，那里都横亘着胆怯和恐惧感。

　　　　　——《生成之清白·心理学方面的诸多考察》

171 政客眼中的两种人

政客眼中只有两类人。

首先，是对他有所帮助的人。能当他的左膀右臂或是调遣工具的人。感觉迟钝、思维单纯、耿直老实，且为一丁点儿小恩小惠就感激涕零的人。贪得无厌，只为利益得失卖命的人。

另一类则是政客的敌人。

——《生成之清白·心理学方面的诸多考察》

172　拯救他人非易事

有人说，连自己都救不了的人，何谈拯救他人。此话很有道理。果真如此吗？现实中有没有别的可能性？

拯救他人并不是那么简单的事。比如说，即便我拿着救命的钥匙，也无法保证对方的锁和我手里的钥匙匹配。

——《生成之清白·关于尼采自己》

173　原本的世界

　　人们很擅长把看见的事物分类，所以思维方式常常是总结归纳。甚至人们觉得任何事物都能总结出某一形式。

　　然而，抛开人工产物，让我们来坦然地观察一下大自然，你会发现大自然并没有什么形式。

　　因为，自然的产物不存在内里和外表，或者说自然产物是内外相通的。自然物的各个部分都是密切相连的，不存在所谓的基本形式。

　　——《哲学家的书·有关哲学家的著作准备草案》

174 哲学家的追求

哲学家追求的不是真理,而是世界的本来面貌。他们总是试图描绘出世界的原本轮廓。

他们想至少用自己的方式去解释世界中的某一事物。

既然是他们自己的解释,那便一直是一种拟人化的诠释和构成,或者说哲学家也只能把事物或世界当作人来看待。

——《哲学家的书·有关哲学家的著作准备草案》

175 价值评判的外包装

曾经多次发生过的事情如今再次发生了，然而，我们并不会认为这是以往事情的重复。

因为人往往习惯用另外一层意思来改变价值和评判，从而为事物赋上所谓"新的、现代的"色彩。

比如说，我们把实质上就是杀戮的事情，说成是战争、纷争、事变、动乱、镇压、平叛、革命、恐怖袭击。

用冠以别名的方式重新包装价值评价，这种行为在我们的日常生活中比比皆是。

——《生成之清白·道德哲学》

176 手脚被缚的人称为大众

人们大都是在居住地的风俗习惯、从事的行业规矩、身份地位、立场站队，甚至所处时代的主流常识、陈规旧理等这些因素的基础上建立自己的思维方式的。同时，与其他人想法观念大致相同也会给自己带来安心和安稳感。

但是，这也表示人是被无形的东西束缚着。但是因为别人同样也被束缚着，个体淹没在人群中也浑然不觉。

——《人性的，太人性的》

第八章

美之篇

177 只有人才是美的

对于人来说，什么是美？或者说什么是美的标准？
美的是人。只有人，只有与人相关的事物才是美的。
在这种简单的事实基础上，存在着一切美学。

——《偶像的黄昏》

178　野外的花

庭院里精心修剪的蔷薇怒放。它们争奇斗艳，形状极为均整，芬芳馥郁。那里是美的完成态。

山谷原野的角落里也有野蔷薇静静地绽放着。无人料理，所以形态各异，花色淡然朴素。

野蔷薇虽然不怎么完美，但却美得让人心动不已。

　　　　　　　　——《生成之清白·比喻与形象》

179 艺术的本能让我们永葆活力

那些让我们陶醉的、给我们快感或触动的事物，具有纯粹、明朗、规范、清晰且容易理解的特质。

现实世界在我们的眼前总是一片混沌。我们将其纯粹化，赋予它逻辑、规则，然后才能厘清和理解事物。也只有这样做，才能去理解、接纳、认知世间的万事万物。

换句话说，也只有对事物本身进行改造，使之具有逻辑性和艺术性，人才能在世界上生存下去。这正是应称为本能的东西吧。

——《生成之清白·认识论 / 自然哲学 / 人类学》

180　孕育艺术的条件是陶醉其中

艺术产生的首要条件是陶醉。创作者不陶醉其中，很难催生艺术。

营造陶醉的氛围也需要各种条件，如浓烈的欲望、庆祝与祭祀、战斗与冒险、残酷与破坏、气候、强烈的意志等。

但是这些条件都有个共通点——都与力量的高涨紧密相连。

——《偶像的黄昏》

181　创作艺术的能力

创作艺术作品的能力有两层。

一层是从世界选择提取材料的能力，另一层是将其赋予造形的能力。

——《哲学家的书·有关哲学家的著作准备草案》

182 黑夜里的音乐与月亮

我们为何钟爱音乐与夜空的明月？

也许因为音乐与月光将黑夜点亮，也把世界装饰得如此美丽。

尤其是在幽暗多次笼罩心房的夜晚。

——《人性的，太人性的·漫游者和他的影子》

183 音乐唤醒灵魂

音乐之所以能抚慰心灵，是因为音乐能够把灵魂从混沌的现实中蠢蠢欲动的自己身上抽离出来。

音乐轻柔地将灵魂带离现实的束缚，让灵魂从远处眺望现实中的自己。并且，音乐让我们处在安心的状态下，我们什么都不用做，只要保持着沉默就好。

然后，我们的灵魂陶醉在音乐中，陶醉在那为自己而歌唱、为自己而倾诉的音乐中。

——《曙光》

184 音乐本身的喜悦

戏剧性的音乐，那种极度雄浑高亢、凛然悲壮、癫狂发疯的音乐，就像演员一样从头到尾都是在表演。这种音乐的目的是让听众紧张兴奋，心潮澎湃，意乱情迷。

而室内音乐不需要表演，只是以纯粹的音乐给予人们宁静的愉悦感。

——《生成之清白·音乐／艺术／文学》

185 学会去爱

想爱上音乐，至少要在音乐演奏期间静静地聆听才行。即使最开始没听习惯，只需要按捺住排斥的心情，继续听下去，不久你就能感受到音乐的动听。

对人对物也同样如此。一有陌生感或不适感就立刻避而远之，这样是无法爱上对方的。理解新事物必须有一个宽广的心胸。

不久，就像是回报你的宽容一样，新事物或陌生人周身的面纱被悄然撤去，其魅力与美妙都清晰地映入你的眼帘。

同样，我们也是如此被人爱上的。

——《愉悦的智慧》

186 音乐的魅力

有些东西是无法用言辞形容的，连画笔也描绘不出其中的魅惑感，还有一种无法表达的迷醉恍惚感。

而音乐却让我们切身体会到这种感觉。

——《哲学家的书·有关哲学家的著作准备草案》

187 如何区分美丑

究竟什么让人感到丑陋？

是那些削弱人的能量的东西，是那些消耗人的生命力的东西，是某些状态让人不舒服的东西。

比如说，让人感到疲惫与憔悴的事物，腐朽感、衰老、残废、压抑、让人麻痹的东西。这正是生命力衰败的象征，人们会本能地感到丑陋。

让人感到美的事物是处于衰败对立面的事物，让人感到生命力上升的事物，带有旺盛精力、勃勃生机、充实的能量的事物，无论从感觉上还是生理上，这些事物都让人本能地感觉到美。

——《偶像的黄昏》

读书笔记

第九章

心之篇

188 内心的幸福

我们不能做任何恶行或任何不正当行为。这并不是因为道德限制，或是害怕被人训斥或遭到报应，更不是出于什么宗教理由。

之所以要避免做不当行为，首先是为了不破坏自己内心的安宁感和幸福感。

理由已经不言而喻了。微不足道的小恶小谎也会给内心带来阴霾，让心灵之海泛起波澜。随后，清爽宜人的空气开始浑浊，灿烂明媚的阳光也开始暗淡。

——《人性的，太人性的·各种意见与箴言》

189 做事前要提升士气

即便是微不足道的小事，也要抓住某一个契机让自己感受幸福。让自己尽可能心情愉悦、精神兴奋起来。

然后，去做自己真正想做的事情。

——《生成之清白·道德哲学》

190　疲劳的危险性

疲劳会威胁人，会削弱人的力量。

人一旦疲劳，那些曾经完全可以克服的问题也会让人崩溃，平常一些芝麻小事也让人觉得有压迫感。因为疲劳会极大地侵蚀人的感情和判断力。

这时候只能躲在安全的地方好好休息，直到精力恢复。

——《生成之清白·心理学方面的诸多考察》

191 以痛苦为名的调味料

想多体验喜悦与感动，那么首先需要的是痛苦与困难。

没尝过一丁点儿痛苦的人，也尝不出喜悦的任何味道。或者说他已经感受不到什么喜悦了。

——《曙光》

192 感受方式的持续变化

相信谁都有过类似的体验——身处幽暗之所的时间流动感，与身处光明之处的感觉是完全不同的。

有光还是没光，人的感受会发生很大改变。同样，我们的感受方式和意识也会随着周遭其他事物的变化而变化。

——《生成之清白·心理学方面的诸多考察》

193 自以为是

有的人讲话不直接不坦率，他们不说"我觉得如何如何""我是如何如何看的"，而是说"我是如何如何认识理解的"。

乍一听好像非常客观公正，还带着一种严肃认真感。

但实际上，所谓的"认识和理解"只是故作高深而已，只是按自己的偏好给所有东西加上自我理解罢了。

——《生成之清白·认识论／自然哲学／人类学》

194 什么让我们忘却悲伤

人们常说"时间会让人忘记悲伤"。但时间并没有为我们做过什么。

那究竟是什么让我们忘却悲伤呢？是生活中那些小小的快乐与愉悦，是那些零零碎碎的小满足。

这些越积越多的小小幸福，慢慢地让人的悲伤与痛楚越来越淡，越来越远。

——《生成之清白·认识论／自然哲学／人类学》

195　与大烦恼战斗

常为小事闷闷不乐，我们会变得心胸狭隘。

但是，如果背负着重大烦恼，我们将会变强大。

因为大烦恼可以锤炼身心，带给我们不屈不挠的力量以及看待事物的全新视角，或者说它给了我们脱胎换骨的机遇。

——《生成之清白·道德哲学》

196　对依赖的渴望

你们说"自己在寻求真理"，说"自己在追求真实"，现实中你们确实也是这么认为的。然而，你们的心追求追逐的真是这些抽象的东西吗？

你们内心真正渴望的难道不是强悍有力的领导者吗？是不是很想听从这个掌握绝对权势的领袖指挥，欣然接受他的命令呢？

——《生成之清白·道德哲学》

197 每种判断都有失偏颇

无论是怎样的判断，即便是正确的判断、公正的判断，也很少是站在不带感情色彩的、真正透明的立场上做出的。

绝大部分的判断都受到本人先入为主的观念影响，或者说受到本人的道德观或所处时代、文化的道德观及价值观的强烈影响。无论是一般的判断，还是学术上的判断。

——《生成之清白·道德哲学》

198　生活条件改变价值观

人们重视的价值并不是什么道德或思想，而是自己的日常生活条件所产生的东西。因此，生活方式发生变化后，我们的价值观也会发生变化。

换句话说，所谓价值观并非很多人模模糊糊以为的"稳定的和一成不变的"，而是脆弱的、经常改变的。

——《生成之清白·道德哲学》

199 道德是由内而发的

道德这种东西常常爱指手画脚地告诉我们该做什么不该做什么。这种高高在上的口气让人很不舒服，而且还会激起逆反心理。因为我们会感到压力，一种来自上方的不问青红皂白的压迫感。

那么，是不是说我们不需要道德呢？

并不是，如果有那种不会使人不舒服的道德，它是不会给我们下命令的。

自己的道德是从我们的内部自然产生的，那是一种"我想要这么做的"自发性的道德。

——《生成之清白·道德哲学》

200 不想被理解的理由

一般来说，人们都想获得他人理解，免遭他人误会。但相比每个人都能充分地理解我，我宁愿做一个被人误解的人。

因为，如果每个人都能理解我，就等于每个人都能当着我的面笑嘻嘻地说："你考虑的问题水平太低，我们很容易就想到了。"

——《生成之清白·道德哲学》

201 当你想做出成就时

如果有人把自己的庄稼种在不知何时就会泛滥的河流附近，他一定是个愚人。要在火山口安家的人也是蠢货。

还有些人丝毫不想改变自己的暴脾气，不想克制伺机报复别人的欲望，依然放纵自己的情欲和贪婪之心。即使如此，还口口声声说要成就什么大事业，成为什么专家大师，他们也同样愚蠢至极。

——《人性的，太人性的·漫游者和他的影子》

202 行动贯彻始终

"要行动，就要抛弃一个东西。"

"什么东西？快告诉我。"

"应该抛弃怀疑。哪怕有一丁点儿疑虑，就无法彻底做好做完。要想贯彻始终，行动就容不得半点儿迷茫、疑虑。"

"原来如此。但是，也许还有种担心。"

"什么担心？"

"担心自己可能被骗了还在为其做事。"

——《曙光》

203　母爱中的好奇心

　　好奇心好奇的不只是异国他乡以及新鲜潮流或陌生知识。我们看人时，也想知道关于他的鲜为人知的一面。

　　比如说对人的同情心或热心肠中也包含好奇心。也许母爱中也有好奇心。比如说婴儿、孩童的行为或他们成长中的奇妙感，对母亲来说也是一种新体验，让母亲乐此不疲。

　　　　　　　　　　——《人性的，太人性的》

204 人们重视难解的事物

对谁都能解释清楚的、简单明了的事物。

无论怎么解释或理解都不甚清晰，总有一部分含糊不清的事物。

前者这种容易理解的事物多半受到人们的轻视。后者这种含糊暧昧的事物被人们认为很重要。

换句话说，人们认为那些自己看不清全貌的事物很重要。

——《人性的，太人性的》

205 被拒绝的幸福感

可能很多人真的认为，感到自己幸福是天真和轻率的事，是令人尴尬的事，或者认为自己绝对触及不到的虚构的东西才堪称幸福。

如果有人当面问他们为什么如此幸福，他们也会当场坚决否定，抑或在内心悄悄地细数人生中出现的小缺点、意难平和麻烦事。

——《人性的，太人性的》

206 善意是小花朵

在日常生活中，人们所必需的是善意。善意的眼神接触、亲切的握手、心平气和的来往、充满善意的话题或闲聊方式。

这种日常的善意切切实实地调节着我们的心情。内涵丰富的善意也能逐渐培养人与人之间的信赖关系和亲密感，同时让人获得安全感。虽然日常的善意很琐碎、朴素、低调，但却构成了我们生活文化的基础。

善意，是我们的琐碎生活中盛开的稚嫩的小小花朵。

——《人性的，太人性的》

207 感到羞耻时

感到羞耻究竟是什么感觉？

即使脑海中想象羞耻之事，人也并不感到羞耻。然而，一旦察觉到自己被人认为是在想象羞耻之事，就立刻觉得羞耻至极。

——《人性的，太人性的》

208 克己禁欲才能飞得更高

请你看看那个找到自己道路的人。他孤独寂寞但步伐矫健，朝着谁都遥不可及的远方一路奔驰，一刻也不停歇。

他与别人完全不同。他不为任何琐事拖泥带水，非同寻常地严于律己。因为他斩断了杂念，抛弃了多余的包袱。旁人眼中他可能是冷酷无情、万念俱寂的形象。

但是，他为了飞得更高更远，才进行了断舍离。如果身上有太多负荷，不能轻装上阵，如何朝着更高更远的远方飞翔？

——《愉悦的智慧》

209 在自己内心深处保留一个对手

在你的内心深处放一个对手，别向旁人透露对手是谁。

因为有对手，内心才能涌出战斗力，才能有警戒心，才能继续锤炼自己，才能明确自己的位置。

从这个意义上来说，内心存留一个秘密的对手，这也是一种奢侈。

——《愉悦的智慧》

210 关注自己的丰富性

令人遗憾的是，很多人对自己内心满满的丰富性简直是一无所知。

我们无所不能，无所不成。这不是夸张的措辞，确实是字面意思上的现实。

人之所以说做不成，完全不可能成功，是因为懈怠、懒惰。只要有毅力有决心，人就可以无所不能。并且成功的人很清楚这个道理的真实性。

请你关注内心的丰富性，并作为一个丰富的人去躬身实践。

——《愉悦的智慧》

211 痛苦，是船长发出的警戒

人是船。人的身心是船。

当船遇险时，就会有痛苦。有疼痛时，身体里的船长就发出响亮的警戒命令。

"收帆！"

要按照船长的吩咐行事，避免船只遇难。

在风浪离开后，高高地撑开风帆，朝着汪洋大海的远方前进。

——《愉悦的智慧》

212 魅力的秘密

人们对结构清晰的事物、业已阐明的事物、已被接纳认可的事物已失去继续关注的兴趣了。当然也包括那些人们自以为清晰明了的事物。

因此，想始终保持吸引力，就要保持一种模糊朦胧和深不可测的外在形象。魅惑、神秘、暧昧总是绑定出现的。

——《善恶的彼岸》

213 找回自我的方法

让我来告诉你如何才能不被周围的闲言碎语、不辨真伪的意见牵着鼻子走，如何才能找回自我，以及如何才能更鲜明清晰地看清楚事物。那就是让自己获得精神自由。

要获得精神自由，最简单的就是克制盲目的感情、情绪的波动、突发性的动摇。如果即使做到上述这样你仍感觉到冲动，那么你也可以立刻用冷水好好洗洗脸。

——《善恶的彼岸》

214 讨人喜欢的技巧

女人并非都是因为能力非凡或美貌超尘脱俗才受到身边男人的喜爱，还有另一种非常简单但切实有效的方法，那就是在男性面前展示自己的脆弱。面对女人的脆弱，男性内心的父爱就开始骚动不停，不由自主地想去保护她。

这种心情是一种触发本能的特别存在，让他深深地喜爱上她。

——《善恶的彼岸》

215 战斗者与敌人越来越相像

你是否准备和敌人纠缠扭打？这个敌人是不是很难对付？那就拼尽全力去打败他。

不过有一点要注意。在与魔鬼战斗时，小心不要变成魔鬼。

因为，当你凝视深渊时，深渊也在凝视你。

——《善恶的彼岸》

216 人会憎恶谁

我们并不会憎恶所有自己不在意的人。即便是不喜欢，掂量下他的价值，如果无足轻重，那么甚至连半点儿嫌弃都不会有。还有那些在各个方面都能碾压自己的人，或是羸弱寒酸的人，自己从不放在眼里的人，都不会让我们憎恶。

最让我们憎恶万分的是与自己的生活范围或生活水平相仿的人，与自己有很多共同点的人，还有那些我们下意识地认为比自己稍微强一点儿的人。

——《善恶的彼岸》

217 两种赞美

无论什么样的人，都曾由衷地赞美过与自己无亲近关系的人。那他到底在赞美别人的什么呢？

是为与自己的能力和工作有共通点，或是为与自己有相似点而毫不吝啬地赞美呢？还是为与自己各个方面都完全不同而赞美？

如果赞美的是与自己类似的点，那其实是对自己的赞美，也就是自卖自夸罢了，并非是真正地赞美他人。

——《善恶的彼岸》

218 刚柔并济的生存之道

你的心不要总是冷静的、理智的，这样显得太过拘束。

如果你总是很理性地思考问题，总是周密计划加上合理规划，然后高效地执行，这样会带来什么呢？你会莫名地感到周身的僵硬和紧张，逐渐地连身心都疲惫起来。

为什么不试试灵活柔性地对待问题呢？让自己像猫咪一样放松身心，不压抑自己的情感。在散心解闷时就随着感觉走，抛掉所谓合理的、理智的生活方式。因为这样会给予我们作为人的养分，让我们有了生机，有了人气。

——《生成之清白·心理学方面的诸多考察》

219 宽恕之心的难处

能够宽恕自己敌人的人，看上去是直爽痛快、宽宏大量的。

但是即便是如此宽容的人，宽恕自己的朋友也要比宽恕敌人困难得多。

——《生成之清白·心理学方面的诸多考察》

220 贪婪与冲动的结合

"私欲"一词听起来非常地可恨和卑劣。

因此，人们自认为或始终相信自己没有私欲或私欲极少。

但是有时候，这种人反而全身沾满了贪婪和冲动。贪婪与冲动的合体就是私欲。

——《生成之清白·心理学方面的诸多考察》

221 当喧嚣成了慰藉

那些过于细腻敏感的人，总是寄居在孤独深处。对于他们来说，远处大街小巷里的人声鼎沸与嘈杂喧嚣绝不会让他们感到厌烦。

甚至这种声音变成了一种小小的慰藉。

——《生成之清白·关于尼采自己》

222　绝对幸福的条件

为什么人会喜欢动物和幼儿呢？因为他们看上去无忧无虑，非常幸福。

动物和幼儿绝不会自欺欺人去适应环境，他们总是做自己。他们不会隐藏任何秘密，无时无刻不是自己原本的模样，是完全绝对地坦诚生活。

他们也不会回忆过去，也从不考虑下一刻的问题。他们的心总放在此刻。他们的一切都在此一瞬间，正因如此，他们没有忧虑，也没有倦怠。

关于过去的庞大的历史记忆，充满迷茫与不安的未来，都压在我们的胸口，所以我们对他们享受此刻的幸福着实无比羡慕。

——《反时代性的考察·关于历史对生命的利害关系》[①]

[①] 《反时代性的考察》，日译尼采全集之卷4，日文书名为《反時代的考察》，译者小仓志祥。内容是关于尼采反现代性思想的。

223 喜欢与讨厌

你是不是也讨厌那个家伙？

我明白你的讨厌，不过，不太赞成你所说的理由。我只是能够理解你讨厌他的感觉。

你所谓的理由就是你的好恶，再附加上各种看似合理的逻辑，但这些并不是真正的理由，只是世俗的粉饰敷衍，或是为自己辩护罢了。

——《曙光》

224 感到憎恨的时候自己是软弱的

当你憎恶他者时，大概率也是你胆怯软弱的时候。当你认为自己明显处于绝对优势，实力明显更强大时，丝毫不会憎恨或厌恶对方。

另外，当你认为有机会复仇时，多半会去憎恶对方。然而，如果对方无懈可击，让你无从责难，更遑论复仇，此时你也丝毫无法憎恶对方。

——《曙光》

225 不安慰的安慰

安慰并不是在任何情况下都是好事，因为对于沮丧消沉的人，所谓的安慰是无法让他感到慰藉的，那只是安慰者在居高临下地讲大道理罢了。

因此，当自尊心强的人陷入痛苦哀伤中时，最好能提前说明"对于你来说，什么安慰都不管用"。

这时候他觉得自己孤身承受着一种特别的、高级的苦难，心中俨然有一种天选之子的优越感。同时，他自以为"世界上找不到任何东西去抚慰他的高级苦难，这简直是对他高境界的褒奖，是一种荣誉象征"。他想到这些后，也许会再次昂首站起来。

——《曙光》

226 沉重的心情会从一个人转移到另一个人

向某个人坦白自己曾经做过的坏事，这样做之后，坦白的人心中的烦闷得以消散，从此身心轻盈，豁然开朗。过不了多久甚至会忘了自己以前做过的坏事。

然而，听到他坦白的那个人，却始终无法忘记这件事。

——《人性的，太人性的》

227 关于奉献的评价

一般来说，人们会根据工作的成果对工作进行评价。无论劳动者在工作中流下多少汗水，工作成果的好坏多寡决定了评价的结果。

然而，照料他人或公共服务的工作却并非如此。我们的评价不仅依据工作的成果，还依据我们的心情。也就是说，从事照料他人或公共服务的人，他们的辛苦越多，就越能获得好评。

——《人性的，太人性的》

228 行动从来都不是自由的

本来人们做事都应该是自由自在的，但是每当实际开展行动时，手脚都会受到或松或紧的束缚。

比如说，勇敢大胆的行为背后总有虚荣心。日常言行的底层是正在变成癖好的习惯，被细小的事情所拘束的行为背后，是如果不这样做就不安心的恐惧感。

——《人性的，太人性的》

229 从烦恼的窄笼里挣脱出来

经常烦恼的人总是待在自己的"笼子"里不出来。那里狭小拥挤，充斥着落后的思维方法和陈旧的情感。他们甚至想也没想过要走出去。

烦恼的窄笼里挤满了旧东西：旧想法、旧感情、旧自我。那里的所有东西从来都具有相同的价值、相同的名称。

只要能认识到这一点，就已经明白了如何从这个窄笼里逃出来了。就是名称与价值由自己决定。把病患称为走向新世界的桥梁，把困难和辛劳称为命运的考验，把彷徨称为历练，把贫乏称为知足常乐的练习，把逆境称为登向高处的机遇。然后，自然而然地产生了自己独有的崭新价值。

这一点小改变就能让人生之路上的自己变得轻松愉悦起来。

——《查拉图斯特拉如是说·在幸福岛上》

读书笔记

读书笔记

读书笔记

读书笔记

读书笔记

图书在版编目（CIP）数据

以内心的安宁抵御世界的纷扰：尼采的生存智慧 /
(德) 尼采著；(日)白取春彦编著；贾耀平译.
北京：北京联合出版公司，2024.12 – ISBN 978-7
-5596-7978-9

Ⅰ. B848.4-49

中国国家版本馆CIP数据核字第2024MV2909号

超訳ニーチェの言葉Ⅱ

Choyaku Nietzsche no kotoba Ⅱ Copyright © 2012 by Haruhiko Shiratori
Original Japanese edition published by Discover 21, Inc., Tokyo, Japan
Simplified Chinese edition published by arrangement with Discover 21, Inc.
through Chengdu Teenyo Culture Communication Co.,Ltd.
Simplified Chinese edition Copyright © 2024 by Beijing Baby Elephant & Orange
Cultural Media Co., Ltd.

北京市版权局著作权合同登记号　图字：01-2024-5014

以内心的安宁抵御世界的纷扰：尼采的生存智慧

[德] 尼采 著　　[日] 白取春彦 编著　　贾耀平 译

出 品 人：赵红仕
责任编辑：徐　鹏
封面设计：今亮后声·小九
内文排版：末末美书

北京联合出版公司出版
（北京市西城区德外大街83号楼9层　100088）
北京联合天畅文化传播公司发行
北京美图印务有限公司印刷　新华书店经销
字数100千字　787毫米×1092毫米　1/32　8.75印张
2024年12月第1版　2024年12月第1次印刷
ISBN 978-7-5596-7978-9
定价：52.00元